BEI GRIN MACHT SICH IHR WISSEN BEZAHLT

- Wir veröffentlichen Ihre Hausarbeit, Bachelor- und Masterarbeit

- Ihr eigenes eBook und Buch - weltweit in allen wichtigen Shops

- Verdienen Sie an jedem Verkauf

Jetzt bei www.GRIN.com hochladen und kostenlos publizieren

Ernst Probst

Yeren. Der chinesische Affenmensch

Mit Zeichnungen von Shuhei Tamura

GRIN Verlag

Bibliografische Information der Deutschen Nationalbibliothek:

Die Deutsche Bibliothek verzeichnet diese Publikation in der Deutschen National-
bibliografie; detaillierte bibliografische Daten sind im Internet über http://dnb.d-
nb.de/ abrufbar.

Impressum:

Copyright © 2013 GRIN Verlag GmbH
Druck und Bindung: Books on Demand GmbH, Norderstedt Germany
ISBN: 978-3-656-43460-3

Dieses Buch bei GRIN:

http://www.grin.com/de/e-book/214565/yeren-der-chinesische-affenmensch

Der chinesische Affenmensch „Yeren"
wird von Kryptozoologen
oft mit dem bis zu etwa drei Meter großen
prähistorischen Menschenaffen
Gigantopithecus blacki (siehe Bild) in Verbindung gebracht.
Zeichnung von Shuhei Tamura

Ernst Probst

Yeren

Der chinesische Affenmensch

*Meinen Enkelkindern
Max, Paula und Jana gewidmet*

*Belgischer Zoologe Bernard Heuvelmans (1916–2001),
Zeichnung von Talitha Wittich*

Viele Tierarten sind noch unentdeckt

Ein Nachfahre des angeblich bis zu drei Meter großen sowie zwischen 300 und 600 Kilogramm schweren prähistorischen Menschenaffen *Gigantopithecus* („Riesenaffe") aus Asien steht im Mittelpunkt des Taschenbuches „Yeren. Der chinesische Affenmensch". Jener „wilde Mann" soll aufrecht stehend maximal 2,70 Meter hoch sein, ein dichtes Fell tragen und bis zu 40 Zentimeter lange Fußabdrücke hinterlassen.
Ernst Probst, der Autor dieses Taschenbuches, ist weder Kryptozoologe, noch glaubt er an die Existenz von Affenmenschen, die überlebende urzeitliche Menschenaffen, Frühmenschen oder Urmenschen wären. Aber er kann nicht ausschließen, dass in abgelegenen Gegenden der Erde noch bisher unbekannte Affen oder Menschenaffen ein verborgenes Dasein führen. Denn von 1900 bis heute sind erstaunlich viele große Tiere erstmals entdeckt und wissenschaftlich beschrieben worden. Darunter befinden sich auch Primaten wie der Berggorilla (1902), der Kaiserschnurrbarttamarin (1907), der Bonobo (1929), der Goldene Bambuslemur (1986), der Goldkronen-Sifaka oder Tattersall-Sifaka (1988), das Schwarzkopflöwenäffchen (1990) und der Burmesische Stumpfnasenaffe (2010).
Das Taschenbuch „Yeren. Der chinesische Affenmensch" enthält eigens hierfür angefertigte Zeichnungen des japanischen Künstlers Shuhei Tamura. Dieser hat dankens-

Erstmals 1902 wissenschaftlich beschrieben:
der Berggorilla (Gorilla beringei beringei)

werterweise oft prähistorische Raubkatzen für Werke des deutschen Autors Ernst Probst gezeichnet.

Nach Ansicht von Kryptozoologen, die weltweit nach verborgenen Tierarten (Kryptiden) suchen, leben auf der Erde noch zahlreiche unbekannte Spezies, die ihrer Entdeckung harren. Bisher sind auf unserem „blauen Planeten" etwa 1,5 Millionen Tierarten bekannt. Manche Wissenschaftler vermuten, dass mehr als 15 Millionen Tierarten noch unentdeckt bzw. unbeschrieben sind.

Der verhältnismäßig junge Forschungszweig der Kryptozoologie wurde von dem belgischen Zoologen Bernard Heuvelmans (1916–2001) um 1950 benannt und gegründet. Er sammelte Tausende von Berichten, Legenden, Sagen, Geschichten und Indizien verborgener Tiere und prägte durch seine Fleißarbeit die Kryptozoologie nachhaltig.

Als Zweige der Kryptozoologie gelten die Dracontologie, die sich mit den Wasserkryptiden befasst, die Hominologie, die sich mit Affenmenschen beschäftigt, und die Mythologische Kryptozoologie, welche die Entstehungsgeschichte von Fabelwesen erforscht. Der Begriff Hominologie wurde 1973 durch den russischen Wissenschaftler Dmitri Bayanov eingeführt. In der Folgezeit haben Kryptozoologen verschiedene Untergliederungen der Hominologie vorgeschlagen.

Die Kryptozoologie bewegt sich teilweise zwischen seriöser Wissenschaft und Phantastik. Kryptozoologen wollen nicht glauben, dass unser Planet schon sämtliche zoologischen Ge-Geheimnisse preisgegeben hat, obwohl Satelliten regelmäßig die ganze Erdoberfläche überwachen. Nach ihrer Ansicht bleibt das, was unter dem Kronendach tropischer Regenwälder oder in den Tiefen der Ozeane existiert, selbst modernster Spionage-Technik verborgen.

Erstmals 1907 wissenschaftlich beschrieben:
der Kaiserschnurrbarttamarin (Saguinus imperator)

10

Erstmals 1929 wissenschaftlich beschrieben:
der Bonobo (Pan paniscus)

Erstmals 1986 wissenschaftlich beschrieben:
der Goldene Bambuslemur (Hapalemur aureus)

*Erstmals 1988 wissenschaftlich beschrieben:
der Goldkronen-Sifaka (Propithecus tattersalli)*

Erstmals 1990 wissenschaftlich beschrieben:
das Schwarzkopflöwenäffchen (Leontopithecus caissara)

14

Kryptozoologen zufolge gibt es auf der Erde noch erstaunlich viele bisher unbekannte Tierarten zu entdecken.

Auf allen fünf Erdteilen – so glauben Kryptozoologen – leben beispielsweise große Affenmenschen. Die bekanntesten von ihnen sind „Yeti" im Himalaja, „Bigfoot" in Nordamerika, „Orang Pendek" auf Sumatra und „Alma" in der Mongolei. Als Affenmenschen gelten auch „Chuchunaa" in Ostsibirien, „Nguoi Rung" in Vietnam, „De-Loys-Affe" in Südamerika, „Skunk Ape" („Stinktier-Affe" aus Florida, „Yeren" in China und „Yowie" in Australien.

Affenmenschen heißen – laut „Wikipedia" – „affenähnliche", das heißt nicht mit allen Merkmalen der Art *Homo sapiens* ausgestattete Vertreter der „Echten Menschen" (Hominiden). Sie gehören zu den bekanntesten Landkryptiden.

Schneemensch „Yeti",
Zeichnung von Philippe Semeria bei „Wikipedia"

Nordamerikanischer Affenmensch „Bigfoot“,
Zeichnung von User „Lizard King“ bei „Wikipedia“

Affenmensch
„Alma“
in der Mongolei„
Zeichnung von
Shuhei Tamura

*Sibirischer
Affenmensch
„Chuchunaa",
Zeichnung von
Shuhei Tamura*

„De-Loys-Affe" (Ameranthropus loysi)
aus Südamerika

Affenmensch „Orang Pendek" auf Sumatra,
Zeichnung von Shuhei Tamura

*Foto des „Skunk Ape" („Stinktier-Affe")
in Saratoga County (Florida) aus dem Jahre 2000*

Affenmensch „Yowie“.
Holzfigur in Kilcoy (Queensland) in Australien

Gottkönig Shennong,
nach dem das Berg- und Waldgebiet Shennongjia in China
benannt ist

Yeren

Der angriffslustige Affenmensch in China

Seit Jahrhunderten liegen aus China teilweise abenteuerlich klingende Berichte über den Affenmenschen „Yeren" („wilder Mann"), „Yiren" oder „Yeh Ren" vor. Dieses Geschöpf soll oft im Berg- und Waldgebiet Shennongjia im Nordwesten der Provinz Hubei beobachtet worden sein. Aus diesem Grund hat sich Shennongjia regelrecht zu einem Wallfahrtsort von Kryptozoologen aus China und teilweise aus dem Ausland entwickelt.

Der Name des Berg- und Waldgebietes Shennongjia fußt auf zahlreichen Sagen. Darin heißt es, in diesem Gebiet habe sich immer wieder einer der „Drei Erhabenen" (San Huang) namens Shennong („Göttlicher Bauer") gezeigt. Shennong soll vor rund 5.000 Jahren gelebt und die Menschen gelehrt haben, Ackerbau und Viehzucht zu betreiben. Außerdem habe er im Selbstversuch Hunderte von Pflanzen auf ihre medizinische Wirkung untersucht und den Tee entdeckt.

Abgeschreckt von der imposanten Größe „wilder Männer" soll der Gottkönig Shennong eigens für das Pflanzensammeln ein Gerüst gebaut haben. Durch die Verbindung des Namens „Shennong" und des chinesischen Wortes „jia" („Gerüst") soll der Begriff Shennongjia entstanden sein.

Etwa 85 Prozent der Fläche von Shennongjia sind Gebirge und Bergland. Die imposantesten der steilen und schroffen Berge erreichen eine Höhe bis zu 3.000 Metern. Fast 70 Prozent von Shennongjia werden von Wald bedeckt. Auf einer Fläche von 3.253 Quadratkilometern leben rund 78.950 Einwohner.

*Yazikou Junction, der Eingangsweg
zum Berg- und Waldgebiet Shennongjia*

*China National Highway 209 von Yazikou Junction
nach Wenshui im Shennongjia Forestry District*

*Berge im Shennongjia District zwischen Wenshui
und Hongping, zu sehen vom China National Highway 209*

*Einsames Farmhaus nahe des China National Highway 209
im Berg- und Waldgebiet Shennongjia*

Chinesischer Staatsmann und Dichter
Qu Yuan (340–278 v. Chr.)

In Shennongjia herrscht ein merkwürdiges Mikroklima, welches das Wachstum und Überleben einer einzigartigen und vielfältigen Pflanzen- und Tierwelt sichert. Oberhalb von 1.800 Metern herrschen sogar im Juli noch Temperaturen wie im frühen Winter. In umliegenden tiefen Tälern dagegen ist es im Juli sommerlich warm. Shennongjia gilt als eine der wichtigsten Rohstoffquellen Chinas für seltene und exotische Hölzer. Dort gedeiht unter anderem der Pfeilbambus *(Pseudosa japonica),* der Pandabären als Nahrung dient und aus dem man einst Pfeilschäfte herstellte.

Im Berg- und Waldgebiet Shennongjia kursieren seit Jahrhunderten viele Erzählungen, Sagen und Augenzeugenberichte von Menschen, die angeblich „wilde Menschen" gesichtet haben oder ihnen begegnet sind. Diese Schilderungen ähneln weitgehend den Berichten über den Schneemenschen „Yeti" in Tibet.

Bereits vor mehr als 2.200 Jahren zur Zeit der „Streitenden Reiche" (481 bis 249 v. Chr.) erwähnte der chinesische Staatsmann und Dichter Qu Yuan (340–278 v. Chr.) des Staates Chu in seinen Versen gewisse Menschenfresser, die im Gebirge lebten. Sein Haus befand sich südlich von Shennongjia in der Provinz Hubei, das als Heimat von Affenmenschen diskutiert wird.

Der chinesische Historiker Li Yanshou berichtete zur Zeit der Tang-Dynastie (618 bis 907 nach Christus) über eine Bande „behaarter Männer" in einer Region, die heute Jiangling heißt. Diese Lebewesen sollen nur etwa 1,20 Meter groß gewesen sein. Nach heutigen Erkenntnissen handelte es sich aber nur um ganz gewöhnliche Langarmaffen bzw. Gibbons.

Zur Zeit der Qing-Dynastie bzw. Mandschu-Dynastie (1616-1911) erwähnte der Dichter Yuan Mei (1716–1798) in seinem Buch „New Rhythms" ein affenähnliches Lebewesen aus

„Große ‚Mauer“
in China auf einem Foto
von Herbert Ponting
(1870 – 1935)
aus dem Jahre 1907
und ihr Erbauer,
Kaiser Hwang-Ti

China. Dieses Geschöpf soll im Südwesten der Provinz Shaanxi existiert haben.

Nach einer alten Legende soll der erste chinesische Kaiser namens Hwang-Ti, der Erbauer der „Großen Mauer", schuld daran gewesen sein, dass in China „wilde Männer" entstanden. Einige Menschen sollen sich der Zwangsarbeit entzogen und in Wäldern versteckt haben. Deren Nachkommen sollen wild, groß und haarig geworden sein. Zeitweise kamen sie angeblich aus den Wald und fragten, ob die Mauer schon fertig sei. Als irgendwann diese Frage bejaht wurde, wollten die „wilden Männer" dies nicht glauben und zogen sich wieder in den Wald zurück.

Von „Yeren" existieren angeblich zwei unterschiedliche große Varianten. Die größere Variante soll zwischen 1,80 und 2,70 Meter hoch sein, die kleinere Variante nur rund 90 Zentimeter. Angeblich liegen von „Yeren" bis zu 40 Zentimeter lange Fußabdrücke vor. Die von ihm gefundenen Haare stammen von keiner in China bekannten Tierart, heißt es.

Viele Kryptozoologen betrachten die Affenmenschen „Yeren" in China und „Yeti" im Himalaja als Nachfahren des angeblich bis zu drei Meter großen sowie zwischen 300 und 600 Kilogramm schweren prähistorischen Menschenaffen *Gigantopithecus* („Riesenaffe") aus Asien. In der Literatur differieren die Angaben über die Größe und das Gewicht von *Gigantopithecus* stark, weil man bisher nur Kieferelemente und Zähne geborgen hat, deren Maße diejenigen heutiger Menschenaffen merklich übertreffen.

Gigantopithecus ist durch Funde aus dem Oberen Miozän vor etwa neun bis sechs Millionen Jahren sowie aus dem Pleistozän (Eiszeitalter) vor ungefähr einer Million bis 100.000 Jahren nachgewiesen. Fossilien aus Nordindien und Pakistan, die man der Art *Gigantopithecus bilaspurensis* zurechnet, gelten als

*Niederländisch-deutscher Paläoanthropologe
Gustav Heinrich von Koenigswald (1902–1982),
der Erstbeschreiber
des prähistorischen Menschenaffen
Gigantopithecus blacki*

neun bis sechs Millionen Jahre alt. Überbleibsel von *Gigantopithecus blacki* aus China sind geologisch jünger und stammen aus der Zeit vor einer Million bis 100.000 Jahren.

Die erste wissenschaftliche Beschreibung von *Gigantopithecus blacki* fußte auf ungewöhnlich massiven Backenzähnen, die dem niederländisch-deutschen Paläoanthropologen Gustav Heinrich von Koenigswald (1902–1982) in chinesischen Apotheken aufgefallen waren. Dort bot man vermeintliche „Drachenzähne" als Medizin an. Zu Pulver zermahlene „Drachenzähne" sollten angeblich wahre medizinische Wunder vollbringen, vor allem für die männliche Potenz. 1935 fand Koenigswald zwei solcher Zähne in Hongkong und einen in Kanton, 1939 einen weiteren in Hongkong. Diese Zähne waren mit einer Backenzahnkrone von rund 2,5 Zentimeter Durchmesser doppelt so groß wie jene eines Gorillas.

1935 schlug Gustav Heinrich Ralph von Koenigswald den wissenschaftlichen Namen *Gigantopithecus blacki* vor. Der Gattungsname *Gigantopithecus* besteht aus den griechischen Begriffen „gigas" bzw. „gigantos" (Riese) und „pithekos" (Affe). Der Artname blacki erinnert an den kanadischen Anatomen Davidson Black, der 1934 in Peking an seinem Schreibtisch – den Schadel eines prahistorischen Peking-Menschen in der Hand haltend – einem Herzschlag erlegen war. *Gigantopithecus blacki* heißt zu deutsch „Blacks Riesenaffe".

1937 schrieb der deutsch-amerikanische Paläoanthropologe Franz Weidenreich (1873–1948), der Gipsabgüsse der Zähne von *Gigantopithecus blacki* erhalten hatte die bis dahin von Koenigswald in chinesischen Apotheken entdeckten Zähne einem riesigen Orang-Utan zu. 1946 hielt er sie in seinem kleinen Buch „Apes, Giants and Man" (Affen, Riesen und

Mahlzahn (Molar)
anhand dessen der niederländisch-deutsche
Paläoanthropologe Gustav Heinrich Ralph
von Koenigswald (1902–1982) im Jahre 1935
den prähistorischen Menschenaffen Gigantopithecus blacki
erstmals wissenschaftlich beschrieben hat.
Im Hintergrund ist der
Paläoanthropologe Friedemann Schrenck
vom Forschungsinstitut Senckenberg,
Frankfurt am Main, zu sehen.

Mensch) sogar für Zähne eines Riesenmenschen. Er glaubte, in der menschlichen Evolution habe es eine Periode des Riesenwuchses gegeben. Der Kieler Anthropologe Hans Weinert (1887–1967) änderte 1948 den Namen *Gigantopithecus* in *Giganthropus* (griechisch: gigas, gigantos = Riese, anthropos = Mensch) ab. Von Koenigswald ordnete 1952 *Gigantopithecus* einem Seitenzweig der Menschenlinie zu.

Ein chinesischer Bauer entdeckte 1956 in der Höhle Liucheng (Guanxi) einen eindrucksvollen Kiefer mit typischen Zähnen von *Gigantopithecus blacki*. Dort barg man später zwei weitere Unterkiefer von *Gigantopithecus blacki* sowie Fossilien von rund zwei Dutzend Säugetieren, unter denen sich einige Fleischfresser befanden. Wegen der Raubtiere spekulierte man, *Gigantopithecus* könne ein Beutetier gewesen sein.

Der ungewöhnlich massive Unterkiefer von *Gigantopithecus blacki* ist vom Kinn bis zu den Zähnen doppelt so hoch wie bei einem männlichen Gorilla der Gegenwart und viermal so hoch wie bei einem jetzigen Menschen. Das Gebiss von *Gigantopithecus* sah anders aus als beim Gorilla, dem größten heutigen Primaten. *Gigantopithecus* besaß vergleichsweise relativ kleine Schneidezähne sowie Eckzähne mit breiter Basis, aber niedriger Krone.

Bei der „18. Internationalen Senckenberg Conference 2004" in Weimar berichtete der chinesische Wissenschaftler Linxia Zhao, bisher seien in China von *Gigantopithecus blacki* insgesamt drei Unterkiefer aus der Höhle Liucheng sowie Zähnenvon zwölf Fundorten in verschiedenen Provinzen (Guangxi, Hubei, Chongqing, Guizhou) geborgen worden.

An den Fundorten Longgupo (Chongqing) und Longgudong (Hubei) habe man sogar Fossilien und Artefakte früher Menschen zusammen mit *Gigantopithecus* entdeckt. Dies werfe unter anderem die Frage auf, ob *Gigantopithecus*

Frühmenschen (Homo erectus)
bei der Jagd auf Menschenaffen (Gigantopithecus blacki)
im alten Teil („Sauriergarten Großwelka")
des „Saurierparks" in Bautzen-Kleinwelka (Sachsen)

*Gefährliche Begegnung zwischen dem
bis zu etwa drei Meter großen prähistorischen
Menschenaffen Gigantopithecus blacki (rechts) und
Frühmenschen, Zeichnung von Shuhei Tamura*

womöglich ein Jäger und Werkzeughersteller oder ein Opfer
früher Menschen gewesen sei.

Etwas kleiner als *Gigantopithecus blacki* aus China ist
Gigantopithecus bilaspurensis aus Indien. 1952 und 1964
entdeckte K. N. Prasad vom „Geological Survey of India" in
den Siwalik-Bergen bei Haritalyangar nahe Chakrana im Staat
Bilaspur etliche Fossilien von Menschenaffen aus dem
Miozän. Für diese Funde interessierte sich der amerikanische
Primatologe Elwyn L. Simons von der „Yale University", der
sich 1968 einer Expedition unter Leitung von Shiv Raj Kumar
Chopra (1931–1994) von der „Punjab University" anschloss.
Daran nahm auch der amerikanische Paläontologe Grant E.
Meyer teil, dem der einheimische Bauer Sunkar Ram einen
fossilen Unterkiefer zeigte, den er einige Jahr zuvor auf seinen
Anbauterrassen entdeckt hatte. Das Fossil stammte von einem
sehr großen Primaten. Der von Sunkar Ram entdeckte Unter-
kiefer bewies die Anwesenheit des fossilen Menschenaffen
Gigantopithecus auch in Indien. Für die neue Spezies schlugen
Frederic S. Szalay und Eric Delson 1979 den Artnamen *Gigan-*
topithecus bilaspurensis vor. Ein Synonym davon ist *Gigan-*
topithecus giganteus.

Anpassungen der Zähne von *Gigantopithecus bilaspurensis*
erhöhten den Widerstand gegen den Verschleiß. Die Front-
zähne sind vergleichsweise klein, die Backenzähne dagegen
massiv und haben einen dicken Zahnschmelz. Elwin L. Simons
stellte 1972 Analogien mit dem Großen Panda *(Ailurpoda)*
fest. Dieser Pflanzenfresser ist voll auf die Nahrungssuche
auf dem Boden angepasst und ernährt sich vor allem von
Bambus. Ähnlich könnte es auch bei *Gigantopithecus* gewesen
sein, der womöglich nicht aufrecht auf zwei Beinen ging.

In der Systematik gehört *Gigantopithecus* heute zur Ordnung
Primaten (Primates), Unterordnung Trockennasenaffen

(Haplorhini), Teilordnung Altweltaffen (Catarrhini), Überfamilie Menschenartige (Hominoidea), Familie Menschenaffen (Hominidae) und Gattung *Gigantopithecus*. Er wird nicht in die Ahnenreihe der Menschen gerechnet, wie manche Wissenschaftler vermutet hatten, sondern der Affen.

Im Januar 1985 versuchte der amerikanische Anthropologe Grover S. Krantz (1931–2002), bei einem Kongress der „International Society of Cryptozoology" den Affenmenschen „Bigfoot" als *Gigantopithecus blacki* wissenschaftlich zu beschreiben. Doch die „International Commission on Zoological Nomenclature" ging darauf nicht ein, weil *Gigantopithecus blacki* als Taxon bereits vergeben war und Krantz keinen Holotyp vorweisen konnte. Krantz meinte, seine Gipsabgüsse der Fußspuren reichten als Holotyp aus und schlug später *Gigantopithecus canadensis* als Artnamen vor. Sein Manuskript „A Species Named from Fotoprints" stieß bei wissenschaftlichen Publikationen auf kein Interesse.

Gigantopithecus blacki ernährte sich vermutlich vegetarisch von Bambus. Einige Reste dieses Menschenaffen hat man in Nähe von fossilen Pandabären gefunden, was auf ausgedehnte Bambus-Vorkommen hindeuten könnte. Die mächtigen Kiefer und Zähne von *Gigantopithecus blacki* eigneten sich gut zum Kauen harter Pflanzennahrung.

Als nächster Verwandter von *Gigantopithecus* wird der merkliche kleinere *Sivapithecus* diskutiert. Dieses Tier existierte in Südosteuropa, Asien und Afrika. Der nächste heute noch lebende Verwandte ist vermutlich der Orang-Utan. Gewisse Anzeichen könnten aber auch für Gorillas als nächste Verwandte sprechen. Obwohl *Gigantopithecus* schon lange ausgestorben ist, wollen ihn amerikanische Soldaten noch während des Vietnamkrieges in den 1960-er und 1970-er Jahren im Dschungel beobachtet haben.

ein seltsames schwanzloses Geschöpf mit rötlichem Fell. Die Arbeiter waren fest davon überzeugt, dass es sich dabei nicht um einen Bären oder um ein anderes Tier, das sie kannten, handelte. Per Telegramm teilten sie der „Chinesischen Akademie der Wissenschaften" ihre Sichtung mit. Die Schilderung dieser Sichtung erregte in der Öffentlichkeit großes Interesse und löste allerlei Aktivitäten aus.

Von 1976 bis 1978 suchten nahezu hundert chinesische Wissenschaftler, Fotografen, mit Gewehren bewaffnete Soldaten und Einheimische in den bewaldeten Bergen von Shennongjia erfolglos nach dem „Wildmenschen". Zur Ausrüstung dieser Expeditionen gehörten Beruhigungsmittel, Pfeilwaffen, Tonbandgeräte und Jagdhunde. Einmal kam ein Suchtrupp angeblich einem „Wildmenschen" sehr nahe. Doch bevor dieser vermeintliche Affenmensch eingefangen werden konnte, schoss sich ein aufgeregter Soldat versehentlich in ein Bein. Nach dem Schuss eilten von allen Seiten Expeditionsteilnehmer herbei und die aufgeschreckte Kreatur entfernte sich.

Aus Shennongjia wurden insgesamt rund 400 Sichtungen einer rätselhaften Kreatur bekannt. Diese soll merklich größer als ein Mensch sein, aufrecht gehen und von Kopf bis Fuß behaart sein. Zu Beginn der 1980-er Jahre startete eine weitere chinesische Expedition, bei der man allerdings wiederum nichts fand.

Am 6. Juni 1977 zwischen elf und zwölf Uhr vormittags begegnete der 33 Jahre alte Pang Gensheng aus der Kommune Cuifeng in der Provinz Shaanxi beim Grasmähen einem großen, behaarten, männlichen Lebewesen. Nach Angaben von Pang war jener „chinesische Yeti" etwa 2,30 Meter groß, breiter als ein Mensch, hatte eine fliehende Stirn, eine stark aufgeworfene wie von einem Boxschlag abgeflachte Nase und tiefliegende, runde, schwarze Augen. Augen und Ohren waren größer als bei einem Menschen, die Zähne breit wie bei einem Pferd und die Lippen kräftig und rund. Dieser „Yeren" trug langes, dunkelbraunes Kopfhaar, das bis zu den kräftigen Schultern reichte. Kurzes, schwarzes Haar bedeckte das Gesicht, nicht aber die Nase und die langen Ohren. Die Arme hingen bis zu den Knien herab und die Hände waren auffällig breit und lang. Am Körper trug „Yeren" ein kurzes, dichtes Fell, aber keinen Schwanz. Sein Geschlechtsorgan blieb im Fell verborgen. Die Oberschenkel wirkten muskulös, die Füße groß und breit. Der Gang war nicht ganz so aufrecht wie bei einem Menschen. Als dieses Geschöpf immer näher kam, warf Pang einen Stein, der den Affenmenschen am Brustkasten traf und verletzte, worauf dieser verschwand.

Einige Wochen später soll Pang Gensheng diesem behaarten Lebewesen an derselben Stelle wieder begegnet sein. Obwohl es ihn bemerkt haben sollte, kam es bis auf zwei Meter heran. Nur ein Entwässerungsgraben trennte die Beiden noch. Das Geschöpf gab angeblich elf oder zwölf verschiedene Laute von sich. Anscheinend ahmte es abwechselnd das Tschilpen eines Spatzen, das Bellen eines Hundes, das Wiehern eines Ponys, das Knurren eines Leoparden und das Weinen eines Menschenkindes nach. Mehr als eine Stunde lang soll die Kreatur unaufhörlich diese Laute von sich gegeben haben. Dann ging Pang einige Schritte zurück, hob einen Stein auf und warf ihn dem behaarten Wesen an die Brust. Der Getroffene stieß Heullaute aus, rieb sich mit der linken Hand die schmerzende Stelle, lehnte sich kurz an einen Baum, rannte in südöstlicher Richtung davon und schimpfte dabei vor sich hin. Ziemlich schnell kletterte das Geschöpf den Abhang eines Hügels hinauf, wobei es sich immer wieder an Bäumen und Ästen festhielt. An 40 Zentimeter langen Fußabdrücken im

*Replik eines vollständigen Schädels
eines Peking-Menschen
im „Paleozoological Museum of China"*

Als erster Wissenschaftler, der mit eigenen Augen einen
„chinesischen Yeti" gesehen haben soll, gilt der Biologe Wang
Tselin. Er hatte an der „North-Western University" in Chicago
(Illinois) in den USA studiert, war aber zu Beginn des Zweiten
Weltkrieges nach China zurückgekehrt und arbeitete für das
„Yellow River Irrigation Committee" Während einer Autofahrt
im September oder Oktober 1940 hörte er zwischen Jiangluo
und Niangniang in der Region Gansu plötzlich Schüsse. Als
das Auto bei der Menschenmenge ankam, die den Schützen
umgab, stiegen die Insassen aus und erblickten am Straßenrand
ein erschossenes Lebewesen. Tselin gab an, das Geschöpf sei
etwa zwei Meter groß und sein Körper mit grau-roten Haaren
bedeckt gewesen. Nach den großen Brüsten zu urteilen,
handelte es sich um ein Weibchen. Weil die Brustwarzen sehr
rot wirkten, vermutete Tselin, es sei eine Mutter, die erst
kürzlich entbunden hätte. Wegen der vorstehenden Lippen
wirkte dieses Wesen hässlich. Sein Erscheinungsbild erinnerte
den Biologen Tselin an ein Gipsmodell eines weiblichen
Peking-Menschen. Laut Aussagen von Einheimischen wurden
in dieser Gegend seit mehr als einem Monat zwei „wilde
Menschen" gesehen. Einer davon soll ein Männchen, der
Andere das erschossene Weibchen gewesen sein. Die Beiden
sollen aufrecht gegangen sein und sich so schnell fortbewegt
haben, dass ihnen kein Mensch folgen konnte. Offenbar
konnten diese Geschöpfe nicht sprechen, sondern nur heulen.
Ein alter Bauer aus Bancang namens Yan Mingde erzählte
1980 eine schier unglaubliche Geschichte, die er im neunten
Mondmonat (Oktober oder November) 1947 als wehrpflich-
tiger Soldat der nationalistischen Armee in der Provinz Hubei
erlebt haben will. Seiner Schilderung zufolge rannten acht
riesige rothaarige „wilde Menschen" aus dem Urwald am
Yangjiadong und wurden angeblich von sage und schreibe

mehr als 2.000 Soldaten über zehn Tage lang durch dichte Wälder verfolgt. Schließlich hätten die „wilden Menschen" tief in den Bergen in einer Einsiedler-Hütte Zuflucht gesucht und wären von Soldaten umzingelt worden. Als die Soldaten die Hütte in Brand gesetzt hätten, wären sieben der „wilden Menschen" ausgebrochen. Ein kleinerer dieser Affenmenschen wäre gestolpert, in das Feuer gestürzt, gefangen und von den Soldaten im Freien zerstückelt worden. Im Chaos des Bürgerkrieges zwischen Nationalisten und Kommunisten sollen Aufzeichnungen dieses Vorfalls verlorengegangen sein. Selbst Kryptozologen bezweifeln den Wahrheitsgehalt dieser sehr phantasievollen Geschichte.

1950 erfolgte angeblich erneut eine Sichtung „wilder Menschen" durch einen Wissenschaftler. Der chinesische Geologe Fan Jingquan berichtete, er habe ein Paar, das er als Mutter und Sohn deutete, in Wäldern der Provinz Shaanxi gesichtet. Weniger friedlich verlief 1961 angeblich eine Begegnung zwischen Straßenbau-Arbeitern und einem weiblichen „Yeren" in Wäldern von Xishuan Banna. Dabei wurde der „wilde Mensch" getötet. Als Experten der „Chinesischen Akademie der Wissenschaften" den toten Körper untersuchen wollten, soll dieser verschwunden gewesen sein.

1962 sollen Soldaten in einer abgelegenen Gegend der Provinz Yunan einen „chinesischen Yeti" getötet und sein Fleisch verzehrt haben. „Soldiers ate a Yeti" („Soldaten aßen einen Yeti") lautete die reißerische Überschrift eines Artikels in der britischen Zeitung „Sunday Telegraph" über diesen Vorfall. Das Blatt nannte die chinesische Zeitschrift „Huashi" („Fossilien") als Quelle für diese Story.

Unweit des Dorfes Chunshuy zwischen Fangxian und Shennongjia erblickten am 14. Mai 1976 gegen 1 Uhr nachts sechs Waldarbeiter im Licht der Scheinwerfer ihres Fahrzeuges

46

schlammigen Boden waren fünf deutlich abgesetzte Zehen und ziemlich lange Fußnägel zu erkennen. Pang war fest davon überzeugt, dass es sich nicht um einen Schwarzbären, einen Goldaffen oder einen Riesenpanda handelte.

Im Herbst 1980 fanden Forscher der „Chinesischen Akademie der Wissenschaften" in der Provinz Zhejiang vermeintliche Hände und Füße eines angeblichen „wilden Mannes". Mit dieser Entdeckung war eine schier unglaubliche Geschichte verbunden. An einem Nachmittag im Mai 1957 hörte eine Mittdreißigerin nahe der Siedlung Zhuantang plötzlich ihre kleine Tochter schreien. Die besorgte Mutter rannte dorthin, wo ihr Kind das Vieh hütete. Ihr bot sich angeblich eine erschreckende Szene: Ein affenähnliches Monster hielt ihre zappelnde Tochter mit seinen kräftigen Armen fest. Mutig ergriff die Mutter einen dicken Ast und hieb damit auf das Untier ein, bis dieses das unverletzte Kind fallen ließ. Wegen der Schreie eilte ein Dutzend weiterer Frauen aus dem Dorf herbei. Diese droschen ebenfalls auf das affenähnliche Geschöpf ein, das schrecklich stöhnte und heulte, bevor es starb. In der Zeitung „Sonyang" hieß es, der erschlagene Affenmensch sei mit langen, braunen Haaren bedeckt, männlichen Geschlechts und noch ziemlich jung gewesen. Seine Zähne waren weiß. Sowohl die Augenbrauen als auch die Ohren und die Zunge sahen aus wie bei einem Menschen. Die Nase sei flach und die Brust breit gewölbt gewesen. Im Magen hätten sich Bambussprossen befunden. Ein Biologielehrer trennte die Hände und Füße des getöteten Affenmenschen ab, konservierte sie in einer Salzlake und bewahrte sie in der Schule auf. Als Wissenschaftler im Herbst 1980 diese Geschichte hörten, suchten sie die Gegend ab und fanden Nester, die angeblich von einer Affenmenschen-Gruppe benutzt worden sein sollen. Ihre Behausungen sollen mit

Stäben eingezäunt sowie mit Ästen und Blättern abgedichtet gewesen sein. Nach der Untersuchung jener Hände und Füße glaubte ein chinesischer Forscher zunächst, sie stammten von einer bisher unbekannten Art von Affen. Doch später erkannte er, dass diese Körperteile von einem großen Hundskopfaffen bzw. Makaken stammten.

Zwischen 1980 und 1985 suchten chinesische Expeditionen unweit von Songbai im Berg- und Waldgebiet Shennongjia nach Affenmenschen. Auf dem Berg Quiangdao stieß man 1980 in etwa 2.400 Meter Höhe auf mehr als 200 ungewöhnlich große Fußabdrücke, die rund 48 Zentimeter lang waren. Die durchschnittliche Schrittlänge betrug 2,50 Meter. Es meldeten sich auch viele Augenzeugen. Doch es wurde kein einziger „wilder Mann" fotografiert oder gefangen genommen.

Mit einer reißerischen Story wartete am 2. Dezember 1980 die britische Zeitung „Daily Telegraph" auf. Der Pekinger Korrespondent dieses Blattes hatte in der chinesischen Zeitung „Guanming" gelesen, eine Chinesin habe sich 1939 in einem Waldgebiet von Hubei 27 Tage lang in Gesellschaft „wilder Männer" befunden und danach ein von einem Affenmenschen gezeugtes Kind zur Welt gebracht. Dieses Kind sei 1960 im Alter von 21 Jahren gestorben. Kürzlich habe man es ausgegraben und seine Knochen untersucht. Angeblich hatte das Skelett Merkmale eines Affen und eines Menschen.

„Yeren" sei ein vegetarischer Rotschopf, las man am 26. März 1981 in der Zeitung „Detroit Free Press". William D. Montalbano, der Autor jenes Artikels, schrieb, der angebliche chinesische Cousin des nordamerikanischen Affenmenschen „Bigfoot" lebe in einer waldreichen und dünn besiedelten Region der Provinz Hubei in Zentral-China, womit er Shennongjia meinte. Das neun Fuß (= 2,70 Meter) hohe Geschöpf lege mit jedem Schritt acht Fuß (= 2,40 Meter) zurück. Die Chinesen hätten einen Fünf-Jahres-Plan, um diesen „wilden Mann" aufzuspüren.

Wegen anhaltender Sichtungen des „wilden Mannes" in der Wald- und Bergregion Shennongjia wurde diese Gegend 1984 zum Naturschutzgebiet erklärt. Angeblich hat man dieses Geschöpf aber auch in den chinesischen Provinzen Sichuan, Shaanxi und Henan sowie in der autonomen Region Guanghxi Zhuang beobachtet.

1985 arrangierte das „China Wildman Research Center" eine Ausstellung in Gunangzhou mit vermeintlichen Hinterlassenschaften des Affenmenschen „Yeren". Dabei konnten Besucher/innen Abgüsse aus Gips von Fußabdrücken, Haarproben und Kot, die vom „wilden Mann" stammen sollten, bestaunen.

Frohe Kunde für „Yeren"-Fans verbreitete die Nachrichtenagentur „UPI Wire Service" in einem Bericht vom 2. August 1988. Darin hieß es, der legendäre „wilde Mann", die chinesische Version des Schneemenschen „Yeti" aus dem Himalaja und der Cousin des amerikanischen Affenmenschen „Bigfoot", existiere tatsächlich. Dies hätte eine Analyse von Haaren aus der Wald- und Bergregion Shennongjia ergeben. Die Verteilung der Spurenelemente in diesen Haaren unterscheide sich von denjenigen des modernen Menschen, Goldenen Affen, Schwarzbären, Orang-Utan und anderen Tieren, hieß es in der Zeitung „Shanghai Wen Hui Bao". Die Haar-Analysen erfolgten an der „Shanghai University" und an der Niederlassung der „Chinesischen Akademie der Wissenschaften" in Shanghai unter Aufsicht des Biologen Professor Liu Minzhuan.

Im September 1993 ließ eine Gruppe von chinesischen Ingenieuren mit einer angeblichen „Yeren"-Sichtung in der

*Inschrift an einem Felsen nahe des Eingangs
zur „Yeren Cave" („Yeren-Höhle") in der Provinz Hubei.
Die Inschrift heißt auf Chinesisch „Yen Ren Dong",
übersetzt in Englisch „Wild Man Cave".*

Waldregion Shennongjia (Provinz Hubei) die Öffentlichkeit aufhorchen. Sie behauptete, drei „Yeren" mit eigenen Augen erblickt zu haben.

Die chinesische Regierung gründete im Oktober 1994 einen „Ausschuss zur Erforschung ungewöhnlicher und seltener Tierarten", der auch das Rätsel um den „Yeren" lösen sollte. Bereits im Sommer 1995 machte sich ein 30-köpfiges Team unter Leitung des Wissenschaftlers Wang Fangchen in der Waldregion Shennongjia auf die Suche nach Affenmenschen. Bis dahin hatten Einwohner von Hubei innerhalb von vier Jahrzehnten schon insgesamt 114 Sichtungen gemeldet. Zudem lagen vermeintliche Haarfunde und Fußabdrücke vom „chinesischen Yeti" vor. Doch die Suche im Sommer 1995 verlief erfolglos. Am 19. August 1995 las man im „San Francisco Chronicle", das Team um Wang Fangchen plane, rund 600 Meter über dem Waldgebiet, in dem man Affenmenschen vermutete, Luftballons mit Infrarot-Instrumenten zu installieren, die alle Aktivitäten von großen Säugetieren aufzeichnen sollten.

Im Juni 1997 berichteten Zeitungen in aller Welt, in der Waldregion Shennongjia in der Provinz Hubei (Zentral-China) seien Hunderte von „Yeren"-Fußabdrücken entdeckt worden. Darunter erreichten einige eine Länge bis zu 38 Zentimetern. Nach Angaben des chinesischen Forschers Wang Fangchen unterscheiden sich diese Fußabdrücke von denjenigen eines Bären oder anderen bekannten Tieren. Außerdem sammelte man einige vermeintliche „Yeren"-Haarproben. In der US-Presse war damals statt von „Yeren" oft vom „chinesischen Bigfoot" die Rede.

Wang Fangchen hatte ein Team von 30 Wissenschaftlern bei der Suche nach dem sagenumwobenen Affenmenschen in der Waldregion Shennongjia angeführt. Er vermutete, die dort entdeckten menschenähnlichen Fußabdrücke seien von zwei aufrecht gehenden Lebewesen hinterlassen worden. Deren Gewicht schätzte er auf 440 Pfund. Ähnliche Fußspuren von ebenfalls zwei Tieren hatte das Team von Wang bereits im Winter 1996 aufgespürt. Wang warnte aber auch vor vorschnellen Schlussfolgerungen ohne wissenschaftliche Beweise.

Die große Entschlossenheit, mit der chinesische Wissenschaftler in Shennongjia angebliche „Yeren"-Sichtungen verfolgten, hatte einen finanziellen Grund. Das örtliche Fremdenverkehrsamt hatte für ein Exemplar dieses Affenmenschen eine Belohnung von umgerechnet 50.000 Euro ausgelobt. Die Aussicht, diese Summe einstreichen zu können, lockte viele Abenteurer an, welche die bewaldete Bergregion Shennongjia nach „Yeren" durchkämmten.

Im Januar 1999 teilte der Zoologe Feng Zuoguian eine offizielle Verlautbarung der „Chinesischen Akademie der Wissenschaften" in der staatlichen Zeitung „China Daily" mit, China erlaube keine Expeditionen mehr, bei denen „Yeti" oder „Yeren" gesucht werden solle. Nach langer Debatte im Dezember 1998 seien chinesische Wissenschaftler zu der Erkenntnis gelangt, dass weder „Yeti" noch „Yeren" existierten. Dies hielt einige Unentwegte in China und anderswo aber nicht davon ab, weiterhin an die Existenz der Affenmenschen „Yeti" und „Yeren" zu glauben. Die Anthropologin Zhou Guoxing beispielsweise meinte, auch wenn 95 Prozent der Berichte über die Existenz der „wilden Männer" nicht glaubwürdig seien, sei es für die Wissenschaftler notwendig, die restlichen fünf Prozent zu studieren.

Die britische Nachrichtenagentur „Reuters" meldete am 6. Dezember 1999, chinesische Wissenschaftler seien einem legendären affenähnlichen Tier im Shennongjia-Naturschutz-

gebiet in der Provinz Hubei auf der Spur. Ein Jäger habe dort zwei Monate zuvor ein riesiges, sich schnell bewegendes Lebewesen gesichtet, worüber „China Daily" berichtete. Wissenschaftler fanden am Schauplatz der Sichtung 40 Zentimeter lange Fußabdrücke, braune Haare und angebissene Maiskolben. Angeblich sollen diese Hinterlassenschaften nicht von einem Bären stammen. Unweit davon sollen Hunderte von fossilen Zähnen eines prähistorischen Riesenaffen entdeckt worden sein, was mancherlei Spekulationen auslöste. Der pensionierte Paläoanthropologe Yuan Zhenxin, Mitglied der renommierten „Chinesischen Akademie der Wissenschaften", ist davon überzeugt, dass schätzungsweise 1.000 bis 2.000 affenähnliche Kreaturen die Wälder von Zentral-China, vor allem das Shennongjia-Naturschutzgebiet in der Provinz Hubei, durchstreifen. „Sie sind sehr klug" , erklärte Yuan laut der Zeitung „Los Angeles Times" vom 19. April 2000. Ihm zufolge sind diese Geschöpfe „Cousins des Menschen", rund zwei Meter groß, haben lange Beine, tragen rötlichbraune Haare und verströmen einen starken Körpergeruch.
Yuan und seine wissenschaftlichen Mitstreiter mussten zuletzt ihre Studien über „Yeren" aus eigener Tasche bezahlen, weil immer weniger Entscheidungsträger dazu bereit waren, diese Forschungen ohne weitere schlüssige Beweise finanziell zu unterstützen. Einer der Kollegen von Yuan ließ sich sogar von seiner Ehefrau scheiden, verkaufte sein Haus und zog in das Waldgebiet Shennongjia, um dort seine Arbeit weiterzuführen. Es gab aber auch Skeptiker, die meinten, bei den „Yeren"-Sichtungen handle es sich um Verwechslungen mit Bären oder Affen. Als ein Kandidat für fehlgedeutete Sichtungen gilt der seltene, vom Aussterben bedrohte und ungewöhnlich aussehende Goldhaaraffe oder Goldstumpfnasenaffe *(Rhinopithecus roxellana)*. Wie andere Stumpfnasenaffen besitzt

Goldhaaraffe oder Goldstumpfnasenaffe
(Rhinopithecus roxellana)

dieser Affe eine kurze Stupsnase mit nach vorne gerichteten Öffnungen.

Manche Kritiker hielten die Berichte von „Yeren"-Augenzeugen generell für Schwindeleien. Falls es solche Affenmenschen wirklich gäbe, hätte die Wissenschaft sie schon längst entdeckt, argumentieren sie.

Einem Bericht der Zeitung „Changgijang Times" vom 21. November 2001 zufolge sind vier Touristen in der chinesischen Provinz Hubei zwei „Yeren" begegnet. Die Reisenden waren am 18. November 2001 am Fluss Licha zu Füßen des Berges Laojung mit einem Geländewagen unterwegs. Hinter einer scharfen Kurve erblickten die zwei Männer und zwei Frauen plötzlich in ungefähr 50 Kilometer Entfernung zwei dunkle Gestalten im Gebüsch. Als diese Lebewesen das Auto bemerkten, flüchteten sie in den dichten Wald. Der Erste, der von dieser Sichtung erfuhr, war ein Chinese namens Zhang Jinxing. Ihn hatten die vier Touristen zufällig unterwegs getroffen hatten und ihm ihre Sichtung der beiden „wilden Männer" erzählt. Zhang Jinxing informierte umgehend die lokalen Behörden des „Shennongjia Nationalreservates". Die Touristen selbst unterrichteten die Forststation über ihre Beobachtung. Zusammen mit einem Park-Ranger kehrten sie an den Schauplatz ihrer Sichtung zurück. Dort fanden sie frisch abgebrochene Zweige, umherliegende Früchte und große Fußspuren.

Im Oktober 2010 meldete die Nachrichtenagentur „Xinhua", in China wolle man geeignetes Personal für eine internationale Suchexpedition finden. Die Forschungsgesellschaft „Wilder Mann" suchte in der Provinz Hubei rund hundert Mitstreiter für eine Expedition in die Berge der Waldregion Shennongjia. Etwaige Bewerber sollten möglichst zwischen 25 und 40 Jahre alt sein sowie Geduld, Fitness, Basiswissen in Biologie, fotografische Grundkenntnisse besitzen. Am Allerwichtigsten sei, dass die Teammitglieder von der Sache überzeugt seien, denn es liege eine Menge harter Arbeit vor ihnen, erklärte Luo Basheng, der Vizepräsident der Forschungsgesellschaft „Wilder Mann". Nach Auskunft des Archäologen Wang Shancai vom „Institut für Kulturrelikte und Archäologie" der Provinz Hubei, wurden die Kosten für die Expedition auf umgerechnet etwa 1,5 Millionen US-Dollar veranschlagt.

Wie beim Affenmenschen „Yeti" im Himalaja soll es auch beim „Yeren" in China mehr als nur eine einzige Art geben. Auf der Internetseite „grenz/wissenschaft-aktuell" mit der Adresse http://grenzwissenschaft-aktuell.blogspot.de ist nachzulesen, bei der kleineren Spezies handle es sich um eine ungewöhnlich großwüchsige meerkatzenartige Affenart (Makake). Deren Existenz gelte aufgrund zweier konservierter Hände seit einiger Zeit als erwiesen. Diese haarigen Hände stammten – wie erwähnt – von der Leiche eines Exemplares dieser Art, das im Mai 1957 auf einem Berg in der chinesischen Provinz Zhejiang zur Strecke gebracht wurde. 1985 habe man eines dieser Lebewesen unweit des Huangshan Mountain in der Provinz Anhi lebend gefangen und im Hefei-Zoo zur Schau gestellt.

Venezianischer Kaufmann
Marco Polo (1254–1324)

Entdeckungen von Affenmenschen

Viertes Jahrhundert vor Christus: Der chinesische Staatsmann und Dichter Qu Yuan (340–278 v. Chr.) des Staates Chu erwähnt in seinen Versen gewisse Menschenfresser, die im Gebirge leben. Sein Haus befand sich südlich des Berg- und Waldgebietes Shennongjia in der Provinz Hubei, das als Heimat des Affenmenschen „Yeren" diskutiert wird.

Um 1000 nach Christus: In Tibet erwähnt der Yogi Milarepa, der als Einsiedler im Himalaja lebt, in seinen Gesängen einen Affenmenschen, bei dem es sich um den „Yeti" handeln soll.

13. Jahrhundert: Der venezianische Kaufmann Marco Polo (1254–1324), der Zentralasien und China bereist und 1292 Sumatra besucht, erwähnt zum ersten Mal den Affenmenschen „Sumatra Yeti".

1420-er Jahre: Der aus Bayern stammende Soldat Johannes Schiltberger (1381–um 1427) erfährt in der Mongolei von einem Wesen, das keinem der bis dahin bekannten menschenartigen Affen gleicht und den mongolischen Namen „Alma" trägt.

1595: Der englische Seefahrer Sir Walter Raleigh (1552–1618), der Raub- und Entdeckungsfahrten in die mittelamerikanischen Gewässer veranlasst, hört von bösen affenartigen Wesen, die Frauen verschleppen und Männer angreifen.

1790: In Australien beobachtet erstmals ein Weißer den Affenmenschen „Yowie". Bereits zur Zeit der Besiedlung Australiens durch die ersten Weißen kursierten Geschichten

Schweizer Geologe
François de Loys (1892–1935)

über einen 1,80 bis 2,70 Meter großen Affenmenschen, der angeblich in den Wäldern des „Fünften Kontinents" haust.

1800: Der deutsche Naturforscher Alexander von Humboldt (1769–1859) wird in Lateinamerika von Indianern vor affenartigen, Frauen raubenden und Menschenfleisch essenden Kreaturen namens „Vasitri" oder „Big Devil" gewarnt.

1811: Der Forschungsreisende David Thompson (1770–1857) sichtet als erster Weißer ungewöhnlich große, menschliche Fußspuren des Affenmenschen „Sasquatch" in Nähe der heutigen kanadischen Stadt Jasper.

1869: Ein Regierungsbeamter von British-Guyana und einheimische Begleiter begegnen im Wald einer mysteriösen Kreatur und hören zwei oder drei Mal ein lautes, langes Pfeifen.

1917: Der Affenmensch „Orang Pendek" aus Sumatra wird in einem niederländischen Wissenschaftsjournal erwähnt. Der Farmer und Zoologe Edward Jacobson (1870–1944), der als einer der ersten Forscher die Vulkaninsel Krakatau nach dem verheerenden Ausbruch von 1893 aufsuchte, hatte Indizien für die Existenz eines Affenmenschen auf Sumatra zusammengetragen.

1920: Die Expedition des Schweizer Geologen François de Loys (1892–1935) begegnet am Ufer des Tarra-River in den wenig erforschten Bergdschungeln der Sierra de Perijáa an der kolumbisch-venezolanischen Grenze zwei großen, haarigen und schwanzlosen Affen, die menschenähnlicher als alle bis dahin bekannten südamerikanischen Primaten waren. Dieses südamerikanische Gegenstück zum nordamerikanischen Affenmenschen „Bigfoot" wird als „De-Loys-Affe" bezeichnet.

1923: Der niederländische Siedler J. van Herwaarden sichtet während einer Wildschweinjagd auf Sumatra den auf einem Baum sitzenden Affenmenschen „Orang Pendek".

*Der Journalist Andrew Genzoli (1914–1984)
hat 1958 in der Lokalzeitung „Humboldt Times"
als Erster den Begriff „Bigfoot" verwendet.
Auf obigem Foto ist Genzoli (links) zusammen
mit dem Bulldozer-Fahrer Jerry Crew (rechts)
und dem Abguss eines imposanten Fußabdrucks
von Bluff Creek zu sehen.*

1928: Forschungsteams sammeln in Sibirien Informationen über den Affenmenschen „Chuchunaa".

1920-er und 1930-er Jahre: Der Affenmensch „Skunk Ape" („Stinktier-Affe") wird oft erblickt, als man Teile der Everglades in Südflorida (USA) abholzt.

1947: Einer Kolonne von 20 Franzosen und Einheimischen glückt in einem Urwald in Indochina (heute Vietnam) die erste Sichtung des Affenmenschen „Nguoi Rung".

1958: Der Name „Bigfoot" taucht erstmals in den amerikanischen Medien auf, nachdem der Arbeiter Jerry Crew auf einer Baustelle ungewöhnlich große Fußspuren entdeckt hat.

1960-er und 1970-er Jahre: Während des Vietnamkrieges wird der Affenmensch „Nguoi Rung" erstmals von Weißen gesichtet.

1960-er Jahre: Auf amerikanischen Jahrmärkten wird der als „Minnesota Iceman" bezeichnete Körper eines menschenartigen Wesens gezeigt, der in einen Eisblock eingefroren ist. Angeblich soll er aus Vietnam stammen.

20. Oktober 1967: Roger Patterson und Bob Gimlin filmen in der Nähe von Bluff Creek (Kalifornien) eine aufrecht gehende, affenähnliche Kreatur, deren Größe auf 2 bis 2,40 Meter geschätzt wird. Dieser umstrittene Film gilt als bekanntester Beweis für die Existenz von „Bigfoot".

Sommer 1989: Die englische Journalistin Debbie Martyr hört bei Reisen im Kerinci-Seblat-Nationalpark vom Affenmenschen „Orang Pendek" und kann im September eine Fährte betrachten. Seitdem sammelt sie Berichte von Augenzeugen und sucht in den Bergen Sumatras dieses scheue Geschöpf.

Autor Ernst Probst

Der Autor

Ernst Probst, geboren am 20. Januar 1946 in Neunburg vorm Wald im bayerischen Regierungsbezirk Oberpfalz, ist Journalist und Buchautor. Er arbeitete von 1968 bis 1971 als Redakteur bei den „Nürnberger Nachrichten", von 1971 bis 1973 in der Zentralredaktion des „Ring Nordbayerischer Tageszeitungen" in Bayreuth und von 1973 bis 2001 bei der „Allgemeinen Zeitung", Mainz. Von 2001 bis 2006 war er zunächst als Buchverleger und später auch weltweit als Fossilien- und Antiquitätenhändler aktiv In seiner Freizeit schrieb Ernst Probst vor allem populärwissenschaftliche Artikel für die „Frankfurter Allgemeine Zeitung", „Süddeutsche Zeitung", „Die Welt", „Frankfurter Rundschau", „Neue Zürcher Zeitung", „Tages-Anzeiger", Zürich, „Salzburger Nachrichten", „Oberösterreichische Nachrichten", Linz, „Die Zeit", „Rheinischer Merkur", „Deutsches Allgemeines Sonntagsblatt", „bild der wissenschaft", „kosmos", „Deutsche Presse-Agentur" (dpa), „Associated Press" (AP) und den „Deutschen Forschungsdienst" (df). Aus der Feder von Ernst Probst stammen zahlreiche Beiträge der Buchreihe „Geschichten, die die Forschung schreibt" sowie die Bücher „Deutschland in der Urzeit" (1986), „Deutschland in der Steinzeit" (1991), „Rekorde der Urzeit" (1992), „Dinosaurier in Deutschland" (1993 zusammen mit Raymund Windolf) und „Deutschland in der Bronzezeit" (1996). Von 1986 bis heute veröffentlichte Probst rund 300 Bücher, Taschenbücher, Broschüren und E-Books.

Literatur

Vorwort
HEUVELMANS, Bernard: On The Track of Unknown Animals, London 1963
KRYPTOZOOLOGIE http://wikipedia.org/wiki/Kryptid
PROBST, Ernst: Affenmenschen. Von Bigfoot bis zum Yeti, München 2013

Yeren
BAYANOW, Dmitri: On the Trail of Yeren. In: Asia and Africa Today, 2/1985, S. 61–63
BIGFOOT ENCOUNTERS
http://www.bigfootencounters.com
CRYPTOZOO.MONSTROUS
http://www.cryptozoo.monstrous.com
DETROIT FREE PRESS: 9-foot, redheaded vegetarian stalks China, 26. März 1981
LOS ANGELES TIME: Bigfoot believed living in China, 19. April 2000
POIRIER, Frank E. / GREENWELL, Richard: Is There a Large, Unknown Primate in China? The Chinese Yeren or Wildman. Cryptozoology, S. 70–82, 11/1992
REUTERS: China tracks red-haired corn-eating Big Foot, 6. Dezember 1999
SAN FRANCISCO CHRONICLE: Airborne Search, 19. August 1995
SAN JOSE MERCURY NEWS: Chinese Team hunting a red-heared „Bigfoot", 25. Juni 1997
SHENNONGJIA Wikipedia http://de.wikipedia.org/wiki/Shennongjia

SUNDAY TELEGRAPH: Soldiers ate a Yeti, 22. April 1979

UPI WIRE SERVICE: Legendary „Wildman", cousin of bigfoot, exists, 2. August 1988

XINHUA NEWS AGENCY: Tourists Visit Location of „Bigfoot" in Fall, 26. Mai 2000

ZHEHXIN, Yuan / WANPO, Huang: Wild Man – fact or fiction? China Reconstructs, 28, 56–59, 1979

ZHI, XIAO: Shennongjia Forests: home of a rare species, China Reconstructs, 27, S. 28–32, 1979

ZHOU, Guoxing: The Status of Wildman Research in China. Cryptozoology 1/1982, S. 13–23

ZHU, Shi: You Yeren Ma? Huashi, vol. 15, 1977

Bildquellen

Titelblatt
Shuhei Tamura, Kanagawa, Japan: 1

Vorwort
Talitha Wittich, Frankfurt am Main.
Porträtzeichnung-deutschlandweit,
http://www.portrait-deutschland.de: 6
TKnox aus Chemainus, BC, Canada / http://flickr.com/
photos/59824614@N00/17022620 / CC-BY2.0: 8
(via Wikimedia Commons), lizensiert unter
CreativeCommons-Lizenz by-2.0-en,
http://creativecommons.org/licenses/by/2.0/legalcode
Laurence M. King / http://flickr.com/photos/
8268561@N03/4416271597 / CC-BY2.0: 10 (via
Wikimedia Commons), lizensiert unter CreativeCommons-
Lizenz by-2.0-de, http://creativecommons.org/licenses/by-
sa/2.0/legalcode
Ltshears / CC-BY-SA3.0: 11 (via Wikimedia Commons),
lizensiert unter CreativeCommons-Lizenz by-sa-3.0-de,
http://creativecommons.org/licenses/by-sa/3.0/legalcode
Antony from Gloucester, UK / http://www.flickr.com/
photos/16687586@N00 / CC-BY-SA2.0: 12 (via
Wikimedia Commons), lizensiert unter CreativeCommons-
Lizenz unter by-sa-2.0-de, http://creativecommons.org/
licenses/by-sa/2.0/legalcode
Jeff Gibbs / http://www.flickr.com/photos/jeffgibbs/
2167149548/in/set-72157600104317876 / CC-BY-SA3.0:

Entdeckungen von Affenmenschen
Reproduktion eines Porträts aus dem 16. Jahrhundert: 58
Reproduktion eines Fotos eines unbekannten Fotografen
vor 1917: 60
Reproduktion eines Fotos aus „Humboldt Times", Eureka,
1958: 62

Der Autor
Klaus Benz, Fotograf Mainz-Laubenheim: 64

Coverbild: Zeichnung © Shuhei Tamura

Bücher von Ernst Probst

Affenmenschen. Von Bigfoot bis zum Yeti
Als Mainz noch nicht am Rhein lag
Archaeopteryx. Die Urvögel aus Bayern
Das Moustérien. Die große Zeit der Neanderthaler
Das Rätsel der Großsteingräber. Die nordwestdeutsche
Trichterbecher-Kultur
Der Höhlenbär
Der Rhein-Elefant. Das „Schreckenstier" von Eppelsheim
Der Ur-Rhein. Rheinhessen vor zehn Millionen Jahren
Deutschland im Eiszeitalter
Deutschland in der Frühbronzezeit
Deutschland in der Mittelbronzezeit
Deutschland in der Spätbronzezeit
Die nordische Bronzezeit in Deutschland
Dinosaurier in Deutschland
Dinosaurier von A bis K. Von Abelisaurus
bis Kritosaurus
Dinosaurier von L bis Z. Von Labocania
bis Zupaysaurus
Höhlenlöwen. Raubkatzen im Eiszeitalter
Johann Jakob Kaup. Der große Naturforscher
aus Darmstadt
Krallentiere am Ur-Rhein. Die Entdeckungsgeschichte
von Chalicotherium goldfussi
Menschenaffen am Ur-Rhein. Paidopithex,
Rhenopithecus und Dryopithecus
Monstern auf der Spur. Wie die Sagen über Drachen,
Riesen und Einhörner entstanden
Nessie. Das Monsterbuch

Rekorde der Urmenschen. Erfindungen, Kunst
und Religion
Rekorde der Urzeit. Landschaften, Pflanzen und Tiere
Säbelzahnkatzen. Von Machairodus bis zu Smilodon

Bestellungen bei: http://www.grin.com